COURS

PROFESSÉS

A L'ÉCOLE DES MINES DE PARIS

PAR

M. J. CALLON

INSPECTEUR GÉNÉRAL DES MINES

DEUXIÈME PARTIE

COURS D'EXPLOITATION DES MINES

TOME TROISIÈME

Publié, d'après les notes et sur le plan de M. J. Callon

PAR

M. E. BOUTAN

INGÉNIEUR DES MINES

ATLAS

PARIS

DUNOD, ÉDITEUR

LIBRAIRIE DES CORPS DES PONTS ET CHAUSSÉES ET DES MINES

49, QUAI DES AUGUSTINS, 49

1878

PARIS, TYPOGRAPHIE A. LAHURE
9, Rue de Fleurus, 9

COURS D'EXPLOITATION DES MINES

TABLE DES FIGURES

CONTENUES DANS LES PLANCHES

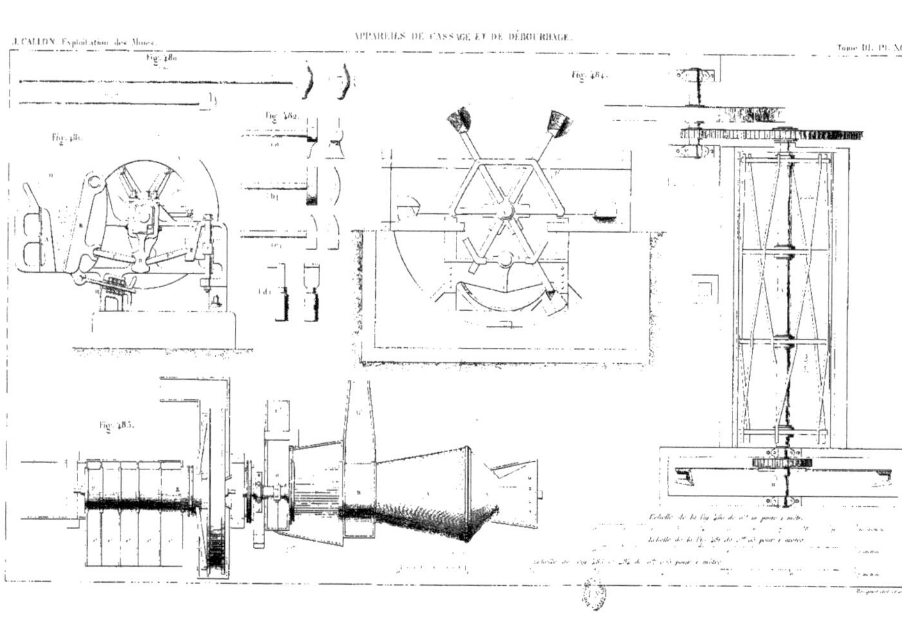
Fig. 480.
Fig. 481.
Fig. 482.
Fig. 483.
Fig. 484.

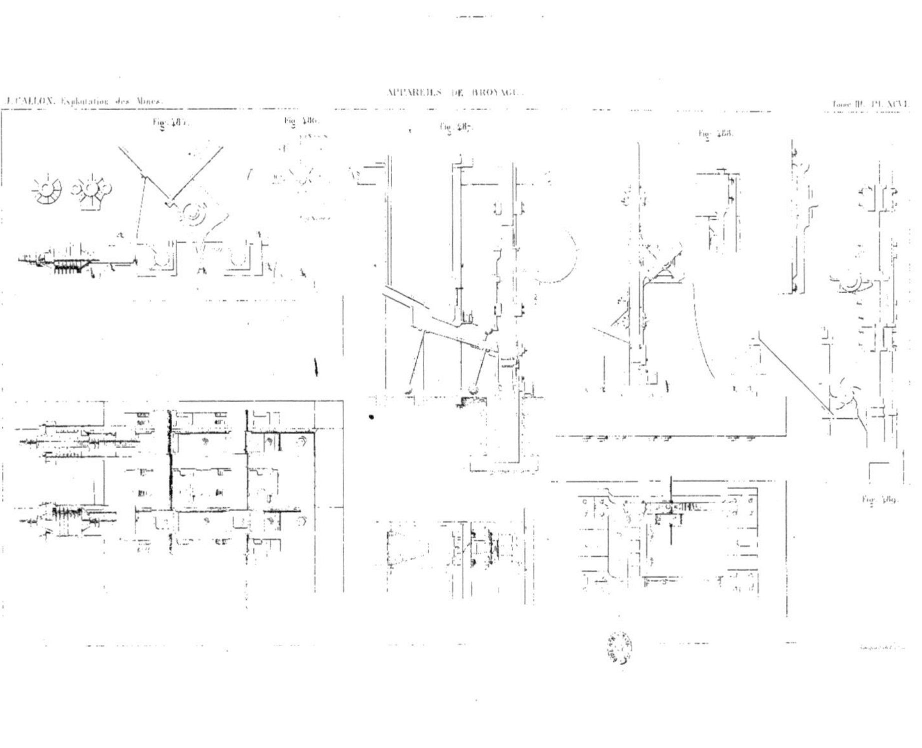
Fig. 485.
Fig. 486.
Fig. 487.
Fig. 488.
Fig. 489.

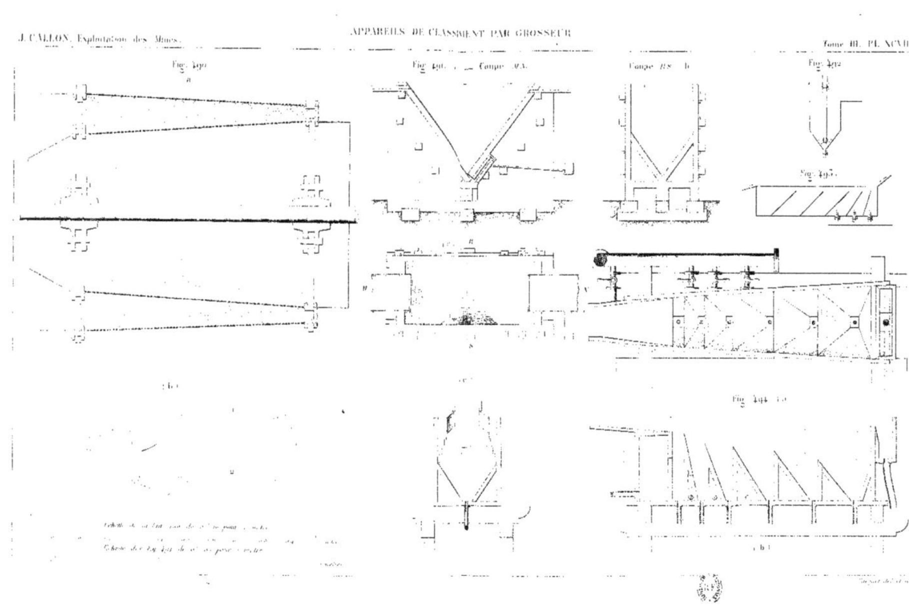
Fig. 490
Fig. 491 — Coupe AA
Coupe BB
Fig. 492
Fig. 493
Fig. 494

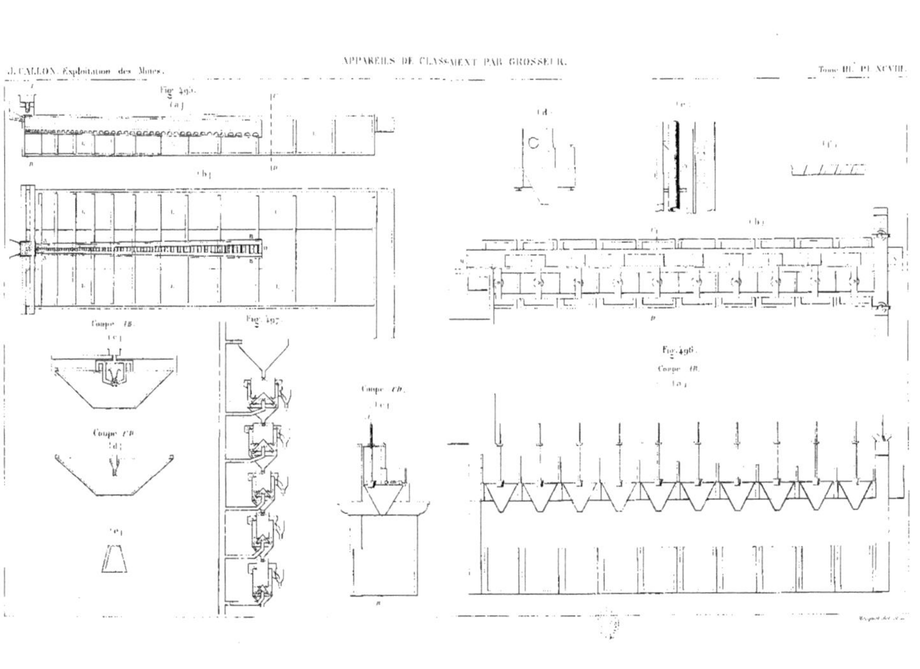
Fig. 495.
(a)
(b)
Coupe AB.
(c)
Coupe CD.
(d)
(e)
Fig. 497.
Coupe CD.
(c)
(d)
(e)
(f)
(b)
Fig. 496.
Coupe AB.
(a)

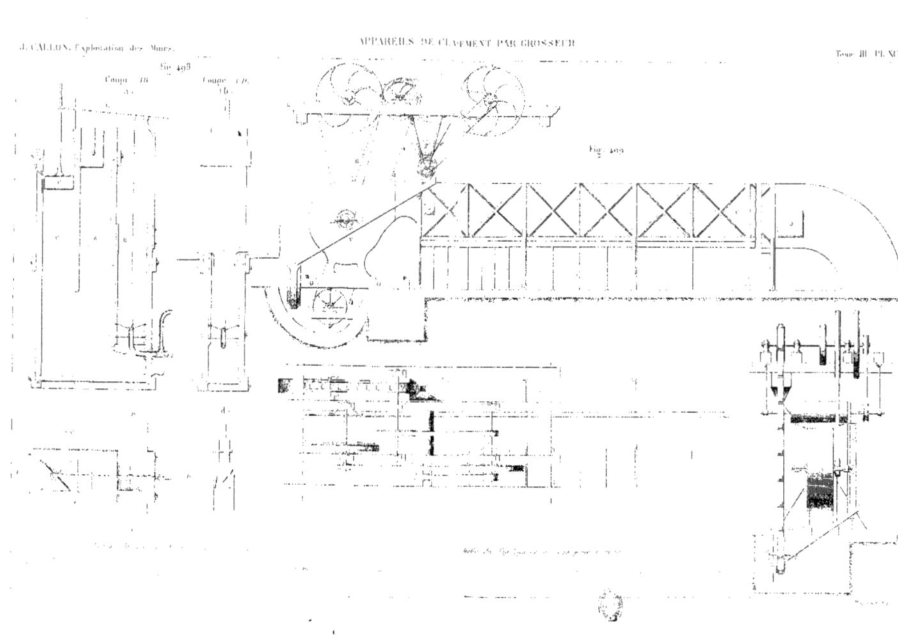
Fig. 498
Fig. 499

J. CALLON, Exploitation des Mines.

APPAREILS D'ENRICHISSEMENT DES GRENAILLES. — CRIBLES DISCONTINUS.

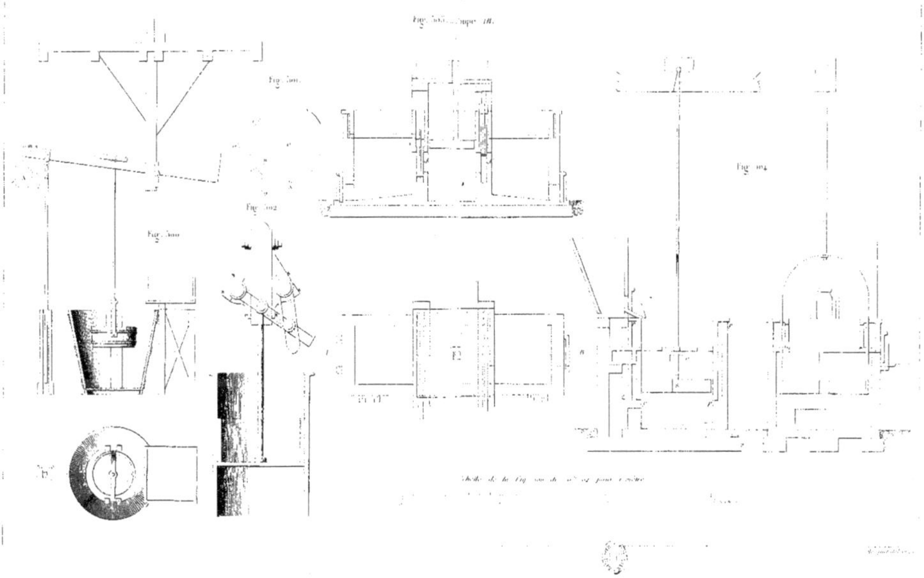

Tome III. Pl. C.

Fig. 503. Coupe AB.

Fig. 501.

Fig. 502.

Fig. 500.

Fig. 504.

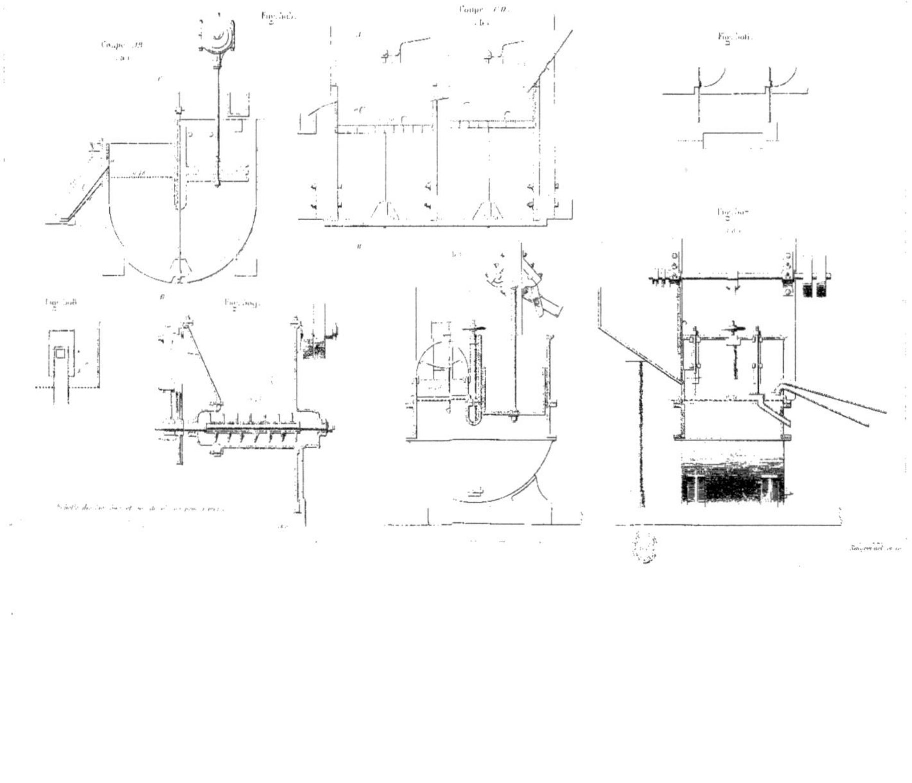

J. CALLON, Exploitation des Mines.

APPAREILS D'ENRICHISSEMENT DES GRENAILLES. — CRIBLES CONTINUS.

Tome III. Pl. CI.

Coupe AB

Coupe CD

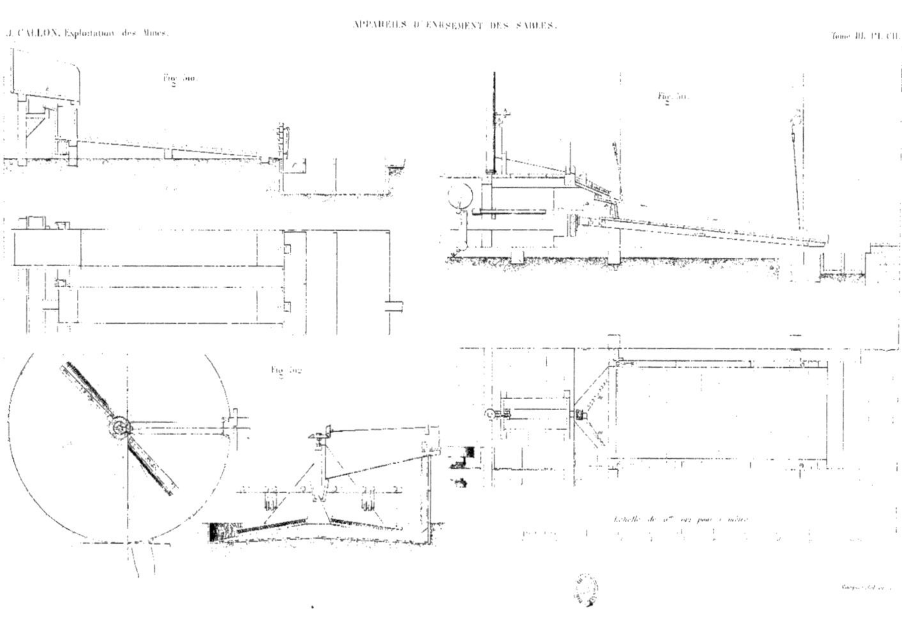

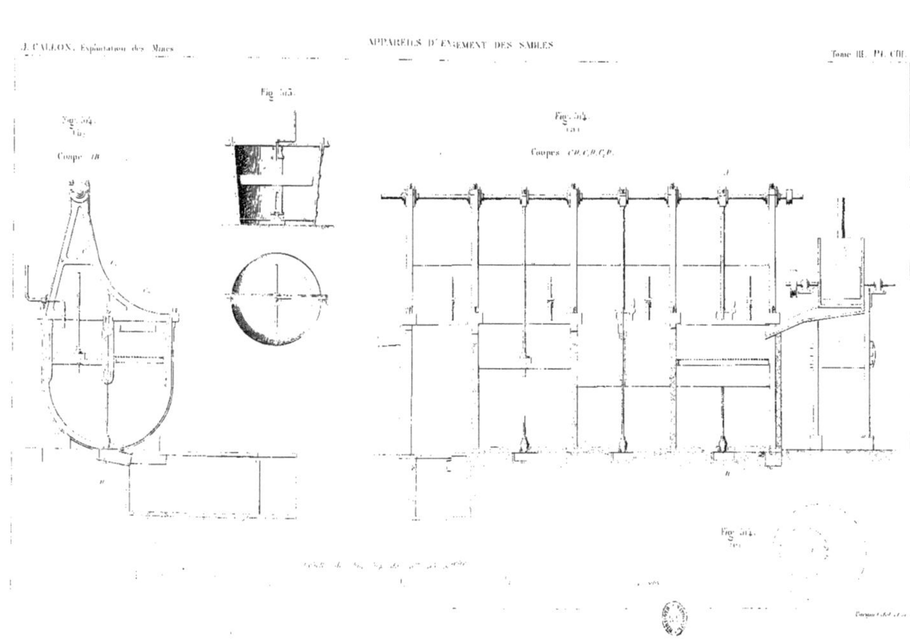
J. CALLON, Exploitation des Mines
Tome III. Pl. CIII.
Fig. 515.
Fig. 514.
Fig. 514.
Fig. 514.

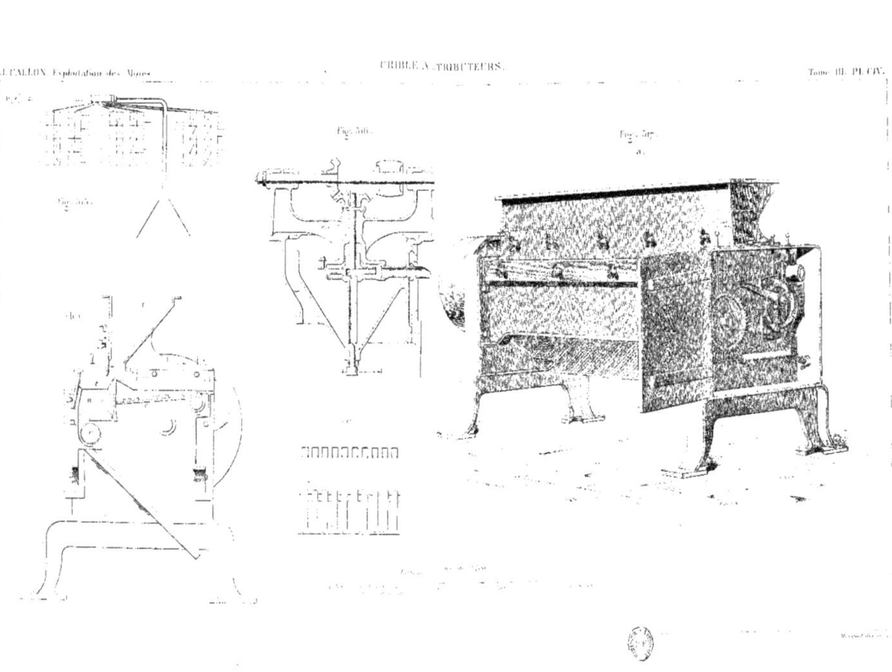
Fig. 516.
Fig. 517.
a.

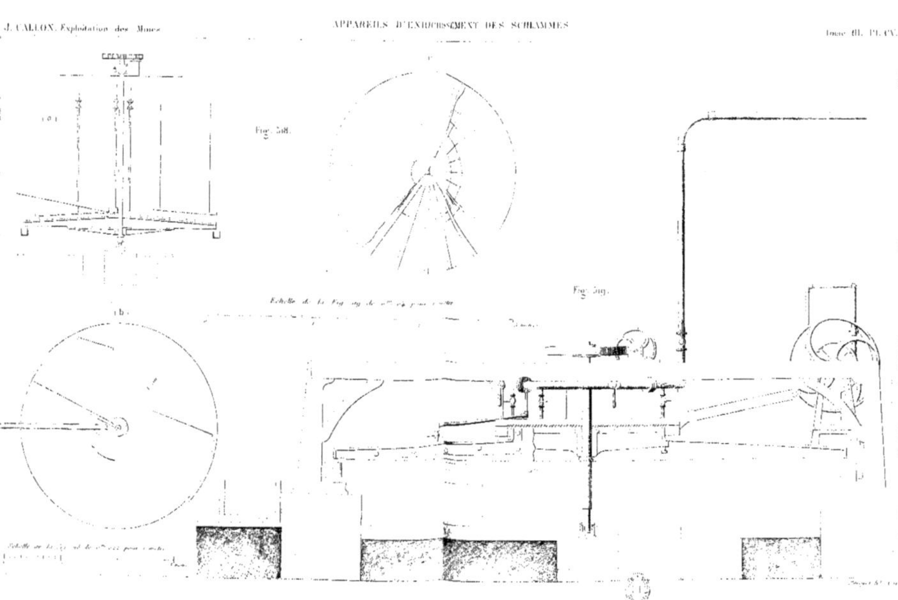

APPAREILS D'ENRICHISSEMENT DES SCHLAMMS

Fig. 520

Coupe suivant AB

Fig. 521

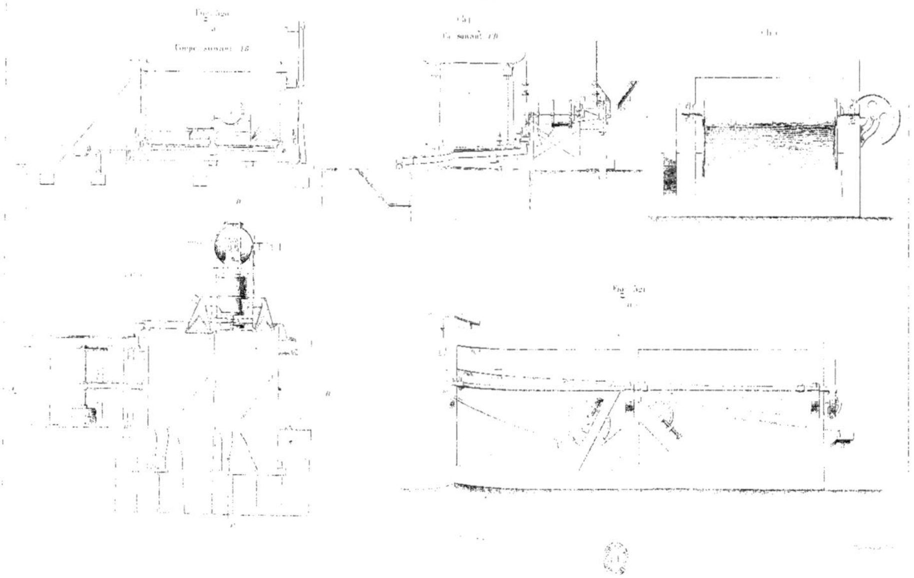

LAVERIE DE CASTOR. PLAN GÉNÉRAL.

Fig. 522

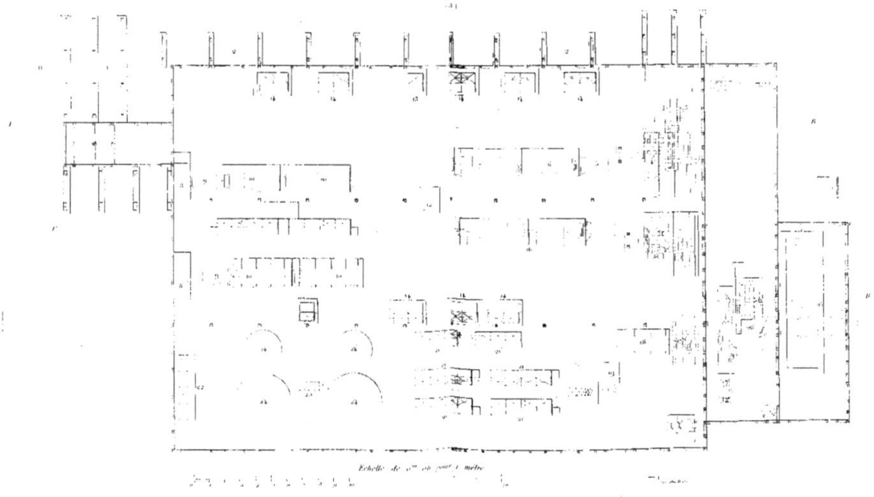

Echelle de 2mm pour 1 mètre

LAVERIE DE CASTOR. _ COUPES.

Coupe AB.

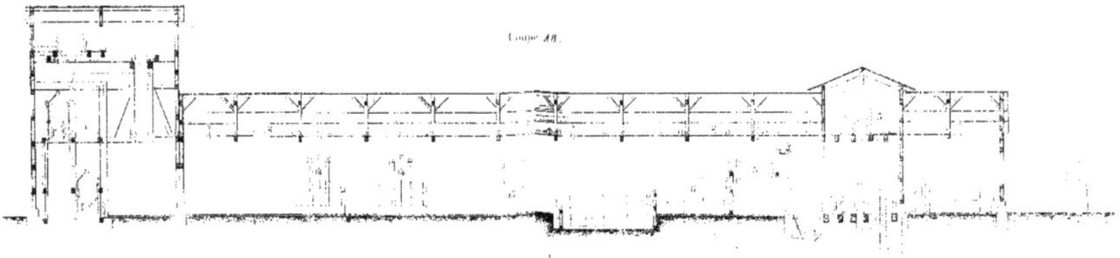

Coupe CD.

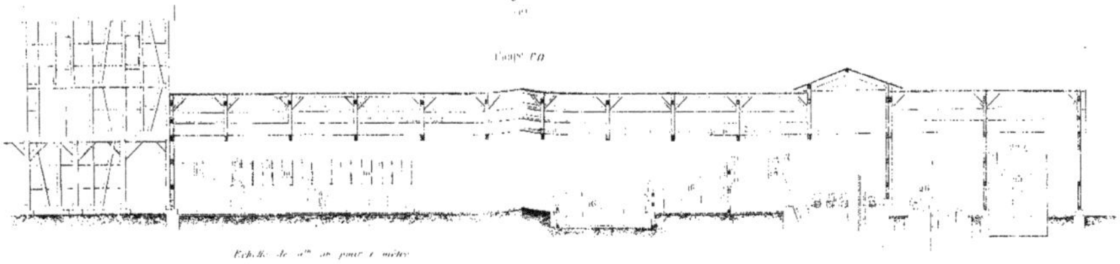

Echelle de ...m ... pour 1 mètre

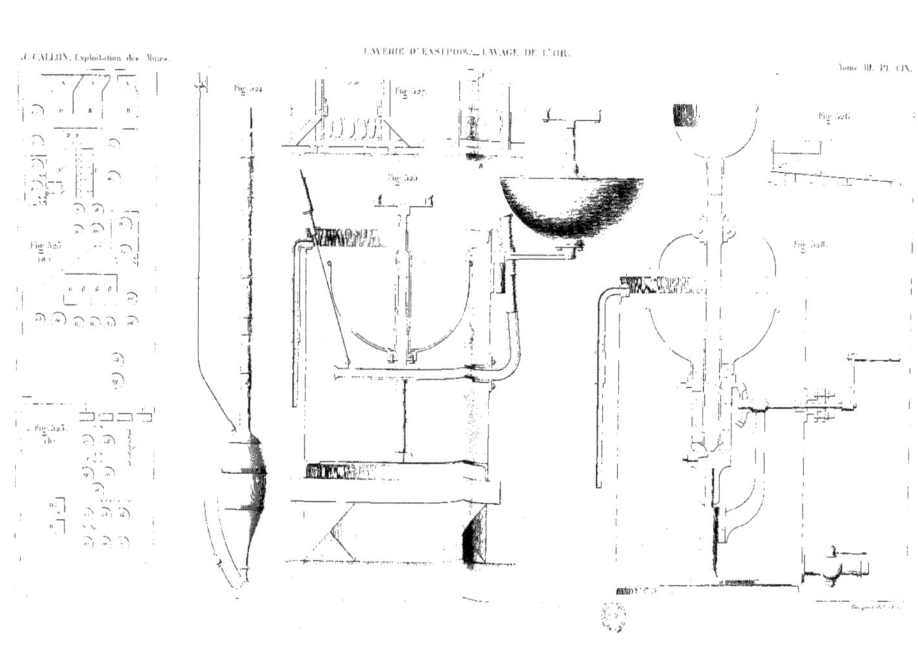
J. CALLON, Exploitation des Mines.
LAVERIE D'EASTPOOL _ LAVAGE DE L'OR.
Tome III. Pl. CIX.
Fig. 524
Fig. 527
Fig. 526
Fig. 523
Fig. 528
Fig. 525

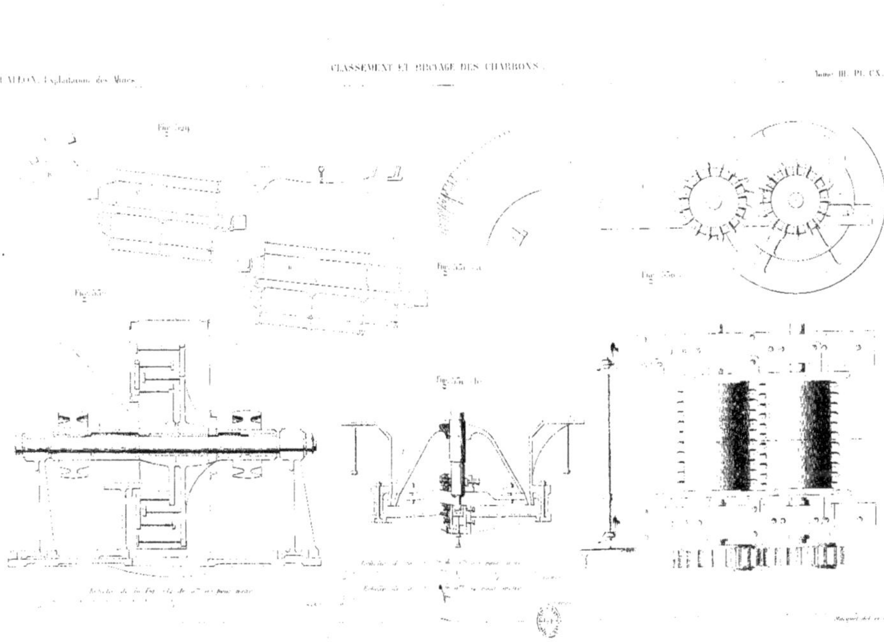
CALLON, Exploitation des Mines.
CLASSEMENT ET BROYAGE DES CHARBONS.
Tome III. Pl. CX.

LAVOIRS DE MOLIÈRES ET DE LA GRAND-COMBE.

Fig. 554.

Fig. 555.

Coupe suivant AB.

Coupe suivant EF.

Coupe suivant CD.

Fig. 555.

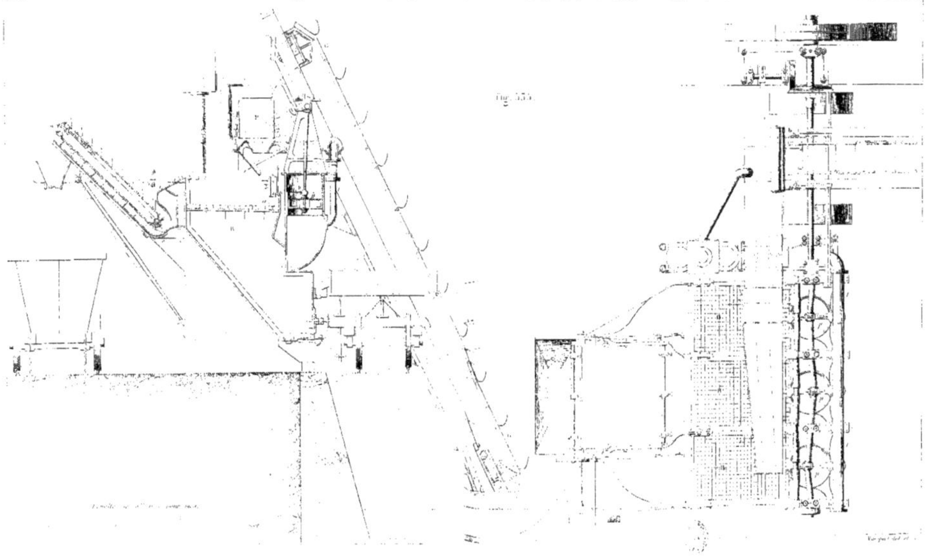

LAVEUR - CLASSIFICATEUR EVRARD.

Fig. 536.

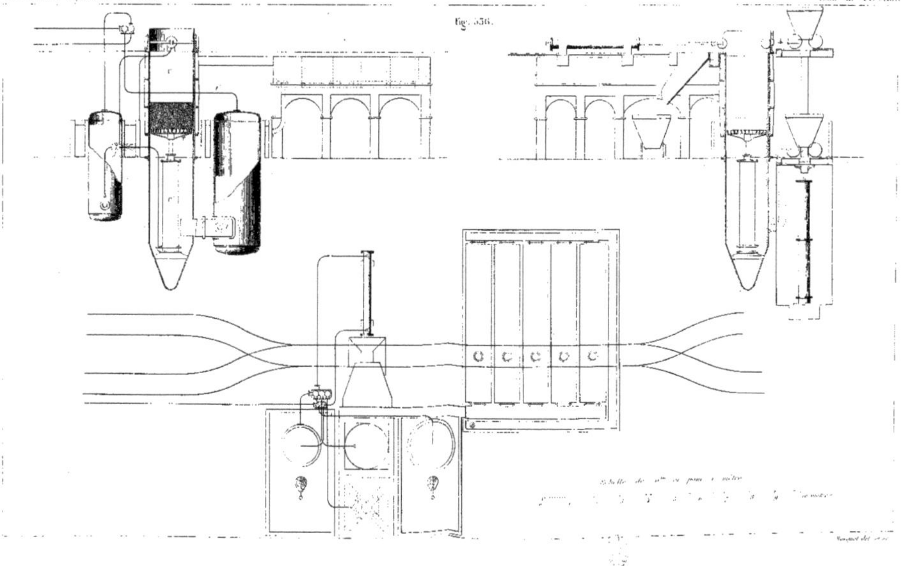

LAVOIR MARSAUT

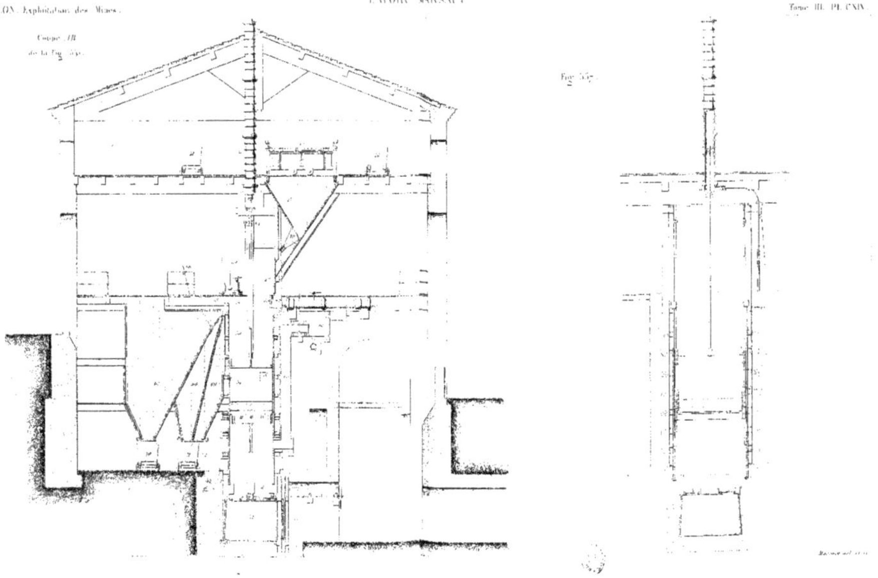

Coupe AB de la Fig.

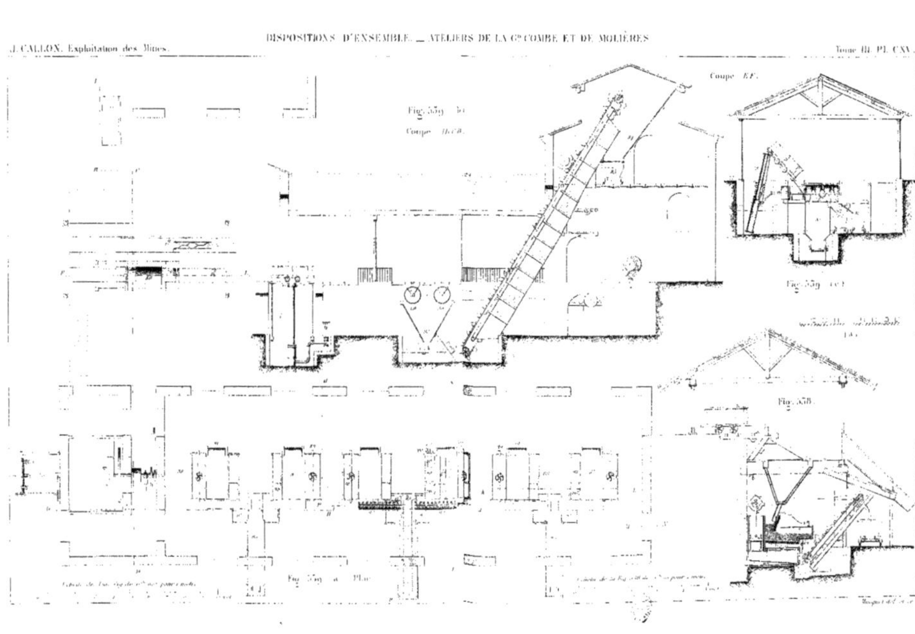
J. CALLON. Exploitation des Mines.
DISPOSITIONS D'ENSEMBLE _ ATELIERS DE LA Gde COMBE ET DE MOLIÈRES
Tome III. Pl. CXV.
Coupe EF.
Fig. 559 bis
Coupe ABCD.
Fig. 559 ter
Fig. 558.
Fig. 559 a Plan

ATELIER DE LAVAGE DE MOLIÈRES (SUITE)

Fig. 559.

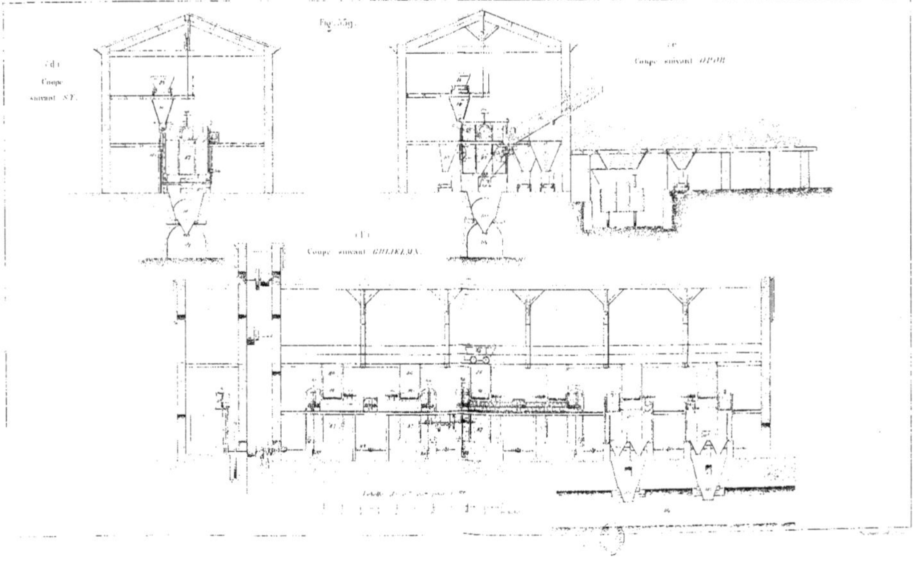

(d) Coupe suivant ST.

(e) Coupe suivant OPQR.

(f) Coupe suivant GHIJKLMN.

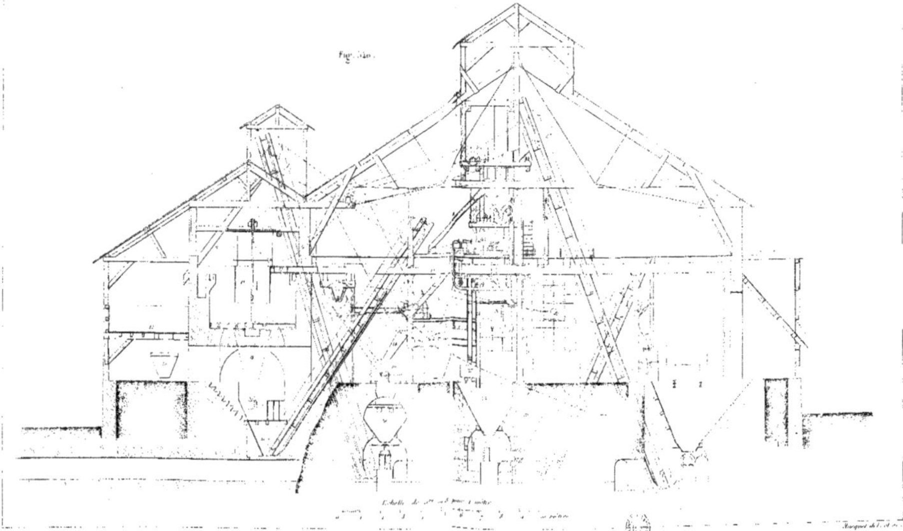

ATELIER DE BESSÈGES

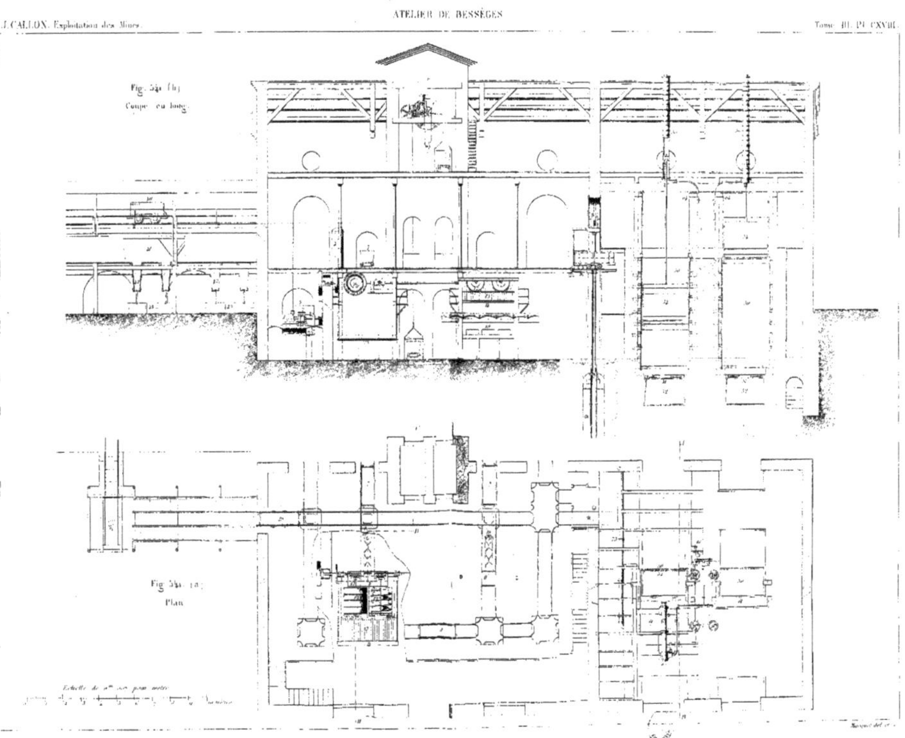

Fig. 541 (b) Coupe en long.

Fig. 541 (a) Plan

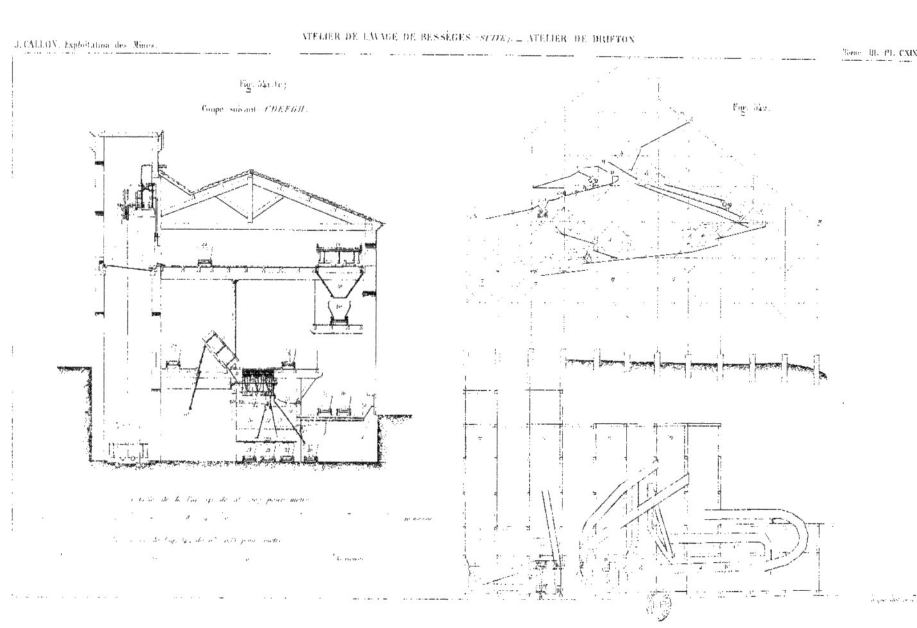
J. CALLON. Exploitation des Mines.
ATELIER DE LAVAGE DE BESSÈGES (SUITE). _ ATELIER DE DRIFTON
Tome III. Pl. CXIX.
Fig. 541 (e)
Coupe suivant CDEFGH.
Fig. 542.

www.ingramcontent.com/pod-product-compliance
Ingram Content Group UK Ltd.
Pitfield, Milton Keynes, MK11 3LW, UK
UKHW021623260726
13994UKWH00003B/1035

9 782329 484686